BEI GRIN MACHT SICH IHR WISSEN BEZAHLT

- Wir veröffentlichen Ihre Hausarbeit, Bachelor- und Masterarbeit

- Ihr eigenes eBook und Buch - weltweit in allen wichtigen Shops

- Verdienen Sie an jedem Verkauf

Jetzt bei www.GRIN.com hochladen und kostenlos publizieren

Bibliografische Information der Deutschen Nationalbibliothek:

Die Deutsche Bibliothek verzeichnet diese Publikation in der Deutschen National-
bibliografie; detaillierte bibliografische Daten sind im Internet über http://dnb.d-
nb.de/ abrufbar.

Impressum:

Copyright © 2016 GRIN Verlag, Open Publishing GmbH
Druck und Bindung: Books on Demand GmbH, Norderstedt Germany
ISBN: 9783668238510

Dieses Buch bei GRIN:

http://www.grin.com/de/e-book/324236/nachgedacht-i-zur-volumenarbeit-bei-
quasistatischer-und-nichtquasistatischer

Joachim Schmidt

Nachgedacht I. Zur Volumenarbeit bei quasistatischer und nichtquasistatischer Prozessführung

Die Verwendung äußerer oder systemimmanenter Kräfte

GRIN Verlag

Joachim Schmidt

Nachgedacht I

Zur Volumenarbeit bei quasistatischer und bei nichtquasi-statischer Prozessführung

Die Verwendung äußerer oder systemimmanenter Kräfte

Inhaltsverzeichnis

1. Einführung

Der Autor hat die Absicht unter dem Label „Nachgedacht" seine Überlegungen zu Sachverhalten öffentlich zu machen, die in der Fachliteratur ungenügend oder missverständlich oder in sich widersprüchlich dargestellt sind. „Nachgedacht" meint somit, über Probleme noch einmal nachzudenken, über welche Autoren beim Verfassen von Lehrbüchern und Fachartikeln sich auch Gedanken machen mussten, dabei aber den einen oder anderen Aspekt nicht beachtet haben. Aus einer kritischen Analyse ergeben sich Fragen und beim Versuch, sie zu beantworten, oft interessante Erkenntnisse.

Außer der Physikalischen Chemie, in der der Autor über vierzig Jahre forschend und lehrend tätig war, interessieren ihn auch kosmologische Zusammenhänge. Auf diesem Gebiet ist der Autor Laie. Doch die beim Lesen populärwissenschaftlicher Literatur auftauchenden Fragen interessieren möglicherweise auch andere und regen Fachwissenschaftler an, bei Vorträgen auf die beschriebenen Probleme – und seien es auch nur Scheinprobleme – näher einzugehen.

Der vorliegende erste Artikel zu „Nachgedacht" befasst sich mit der Volumenarbeit (pressure-volume work). Es geht vor allem um die Vermeidung von Einseitigkeiten und Fehlern bei der Ableitung der Gleichungen, die zur Berechnung der Volumenarbeit Verwendung finden können. Dies gelingt am besten, wenn man sich an den von uns später vorgeschlagenen Algorithmus hält.

Auch wir sind in der Physikalisch-chemischen Grundvorlesung oder in den Übungen auf manche Aspekte, über welche wir schreiben wollen, nicht eingegangen, denn im Vordergrund stand, den Studierenden die physikalisch-chemischen Sachverhalte in der knapp bemessenen Zeit möglichst anschaulich und plausibel darzustellen. Überspielt werden die Probleme bei der Vermittlung der Volumenarbeit, indem man sich auf die Expansion eines idealen Gases beschränkt und in etwa formuliert:

„Wenn ein Gas sich gegen einen externen Druck p_{ext} ausdehnt, wird es Arbeit

verrichten müssen. Die Arbeit wird umso größer sein, je größer der zu

überwindende Druck und je größer die Volumenzunahme ist. Daraus folgt, dass

die Arbeit, welche das Gas an der Umgebung verrichtet, wahrscheinlich gegeben

ist durch

$$\delta w = p_{ext} \cdot dv \quad ?$$

Um der Konvention zwischen Physikern und Chemikern gerecht zu werden, dass

vom System verrichtete Arbeit negativ zu bewerten ist, muss noch ein negatives

Vorzeichen vorangesetzt werden. Also ergibt sich als Definition für einen

Infinitesimalen Betrag der Volumenarbeit

$$\delta w = - p_{ext} \cdot dv \quad , \tag{1}$$

und bei Ausdehnung gegen einen konstanten Außendruck

$$w = - p_{ext} \cdot \Delta v. \text{''} \tag{2}$$

Wie wir später zeigen werden, ist diese Definition im Bereich der Chemischen Thermodynamik völlig korrekt und ausreichend.

Der Lehrende wird von Studierenden selten mit strittigen Fragen konfrontiert. Und er selbst kann sich oft erst nach Abschluss des Berufslebens manchen Problemen ausführlicher widmen. Dazu gehört in unserem Fall die Ableitung von Gleichungen, mit denen man die Arbeit bei quasistatischer reversibler und bei nicht quasistatischer irreversibler Druck-Volumen-Änderung berechnen kann.

In den Lehrbüchern der Physikalischen Chemie wird die Definition für die Volumenarbeit aus der in der Physik üblichen Gleichung für mechanische Arbeit abgeleitet:

$$W = \text{Kraft} \cdot \text{Weg} .$$

Und da zeigen sich die ersten Probleme: Wird berücksichtigt, dass die Kraft und der Weg Vektoren sind und entsprechend symbolisiert werden müssen!? Meint man die zu überwindende oder die wirkende Kraft? Ist dies relevant? Was bedeutet es, die Volumenarbeit sowohl bei Expansion als auch bei Kompression mit dem auf dem System lastenden Außendruck p_{ext} zu berechnen, wie es die meisten Lehrbücher vorgeben?

Mit diesen Fragen wollen wir uns befassen und einen Algorithmus vorschlagen, der mögliche Unzulänglichkeiten vermeidet, denn Volumenarbeit spielt eine wichtige Rolle in der Thermodynamik. So unterscheiden sich bekanntlich die Änderung der Inneren Energie dU (zwischen System und Umgebung ausgetauschte Wärme bei konstantem Volumen) und die Änderung der Enthalpie dH (ausgetauschte Wärme bei konstantem Druck) um die Volumenarbeit:

$$dH = dU + p \cdot dv \tag{3}$$

Oft wird in der Physikalischen Chemie so getan, als ob sich die Enthalpieänderung und Q_p auf Reaktionen in offenen Gefäßen beziehen und die Volumenarbeit bei Expansion gegen den Atmosphärendruck und bei Kompression durch den Atmosphärendruck verrichtet wird. Entscheidend für die Volumenarbeit sind die Kräfte, die an der Grenzfläche des Gases wirken. In einem offenen Gefäß werden an der Grenzfläche die Teilchen des Systems und der Umgebung ineinander diffundieren und eine messbare Druckdifferenz wird sich nicht aufbauen. Deshalb muss eine Trennwand vorausgesetzt werden. Q_p und die molare Reaktionsenthalpie $\Delta_R H$ müssten sich demzufolge auf Reaktionen mit beweglichem Stopfen beschränken. In einem Chemielabor werden solche Reaktionsgefäße aber kaum zu finden sein. *So* scheint es uns, dass die größere Wertschätzung der Reaktionsenthalpie im Vergleich zur Reaktionsenergie in der Physikalischen Chemie nicht gerechtfertigt ist.

Der Druck in der Gleichung (3) hat keinen Index, p kann sowohl den Gasdruck als auch den Außendruck repräsentieren. Das bedeutet, diese Gleichungen beschreiben quasistatische reversible (auf diese Begriffe wird im nächsten Abschnitt eingegangen) Prozesse, bei denen der Außendruck p_{ext} und der Gasdruck p nahezu gleich groß sind.[1]

Wir wollen nun die beiden möglichen Differentialansätze (mit p_{ext} und mit dem Gasdruck p) systematisch ableiten und dabei den Algorithmus [2] der Ableitung verdeutlichen, insbesondere nötige Vorzeichenwechsel begründen. Bevor wir jedoch die Gleichungen ableiten, müssen Definitionen und Konventionen beschrieben werden, die den Ableitungen zugrunde liegen:

2. Definitionen und Konventionen

2.1 System und Umgebung

Es ist sinnvoll, die physikalischen oder physikalisch-chemischen Eigenschaften in einem willkürlich räumlich abgegrenzten Bereich der realen Welt zu untersuchen, welchen man als System bezeichnet. Außerhalb des Systems liegt die Umgebung.

In geschlossenen Systemen, die unseren Betrachtungen zugrunde liegen, ist Energieaustausch, aber kein Stoffaustausch mit der Umgebung möglich [1, S.15]. Bezüglich der Volumenarbeit ist es zweckmäßig, ein Modell[3] zugrunde zu legen, bei dem sich ein ideales Gas in einem Behälter befindet, der von einem frei beweglichen Kolben verschlossen ist. Auf die Grenzfläche des Kolbens zum Gas hin drücken von innen die Teilchen des Gases mit p, von außen drückt p_{ext}, je nach Modell verursacht durch das Gewicht des Kolbens, den Druck der Atmosphäre oder durch beides. Das Gas wird als System betrachtet, alles andere als Umgebung. In der Literatur wird häufig angemerkt, dass die Parameter für die Volumenarbeit nur in der Umgebung gemessen werden können. Wir halten die Betonung der Umgebung für nicht gerechtfertigt.

Druck und Temperatur lassen sich mit entsprechenden Sensoren auch im System messen. Das Volumen wird aus Temperatur und Druck berechnet oder lässt sich auch am System feststellen.

2.2 Vorzeichenkonvention

In der Physik und Physikalischen Chemie gilt die schon angeführte Konvention: Von der Umgebung am System verrichtete Arbeit bzw. dem System zugeführte Energie wird positiv gewertet, die vom System an der Umgebung verrichtete Arbeit bzw. der Umgebung vom System zugeführte Energie hat ein negatives Vorzeichen. Bezüglich des Zugewinns bzw. des Verlustes betrachtet man die Änderung vom Standpunkt des Systems aus [1, S. 75].

---

[1] Man sollte sich bewusst machen: Immer wenn man in der Thermodynamik – wie in der Gleichung für ideale Gase $p \cdot v = n \cdot R \cdot T$ - ohne Indizierung auskommt, beschreiben die Gleichungen entweder einen Gleichgewichtszustand oder reversible Prozesse.

[2] Ein Algorithmus ist eine Schrittfolge, die logischen und mathematischen Regeln folgt.
[3] In einem Modell werden immer die weniger gewichtigen Einflüsse vernachlässigt. Die Ergebnisse der Überlegungen und Berechnungen anhand eines Modells haben demzufolge bezogen auf die Realität immer Näherungscharakter.

2.3 Innere und Äußere Energie

In der Chemischen Thermodynamik unterscheidet man zwischen innerer und äußerer Energie [1, S. 78]. Zur inneren Energie gehören die kinetische Energie der Teilchenbewegung und die potentielle Energie der Wechselwirkungen zwischen den Teilchen und innerhalb der Teilchen. Die äußere Energie eines Systems ändert sich, wenn sich die potentielle oder die kinetische Energie des Gesamtsystems gegenüber einem äußeren Bezug ändern (z.B. durch Anheben oder Beschleunigen), ohne die potentielle bzw. die kinetische Energie der Teilchen des Systems zu beeinflussen. Änderungen der äußeren Energie eines Systems sind in der Regel nicht Gegenstand der Chemischen Thermodynamik.

2.4 Definition mechanischer Arbeit durch das Skalarprodukt von Kraft und Weg

Volumenarbeit ist eine Form mechanischer Arbeit. Mechanische Arbeit kann mit dem Skalarprodukt von Kraft und Weg Gl. (4) definiert werden [2, S. 352], [3, S. 124], [4] :

$$\delta w = F_{ext} \cdot ds \cdot cos\ \alpha \tag{4}$$

In dieser Gleichung ist δw eine infinitesimale Arbeitsmenge. F_{ext} ist der Betrag der Kraft, welche von außen auf einen Körper einwirkt. Das Differential ds ist der Betrag des Weges, den der Körper infolge der einwirkenden Kraft zurücklegt, und α ist der Winkel zwischen den Vektoren Kraft und Weg. Im Falle der Volumenarbeit tritt an die Stelle des Körpers die frei bewegliche Grenzfläche des Gases gegenüber dem frei beweglichen Kolben des Gefäßes in welchem sich das Gas befindet. Es gibt zahlreiche Artikel, die sich mit Fragen befassen, in denen die Volumenarbeit eine wesentliche Rolle spielt. Wir haben eine Übersicht zusammengestellt [5 bis 28], die anderen Interessierten Suche ersparen kann. In keinem dieser Artikel wird das Skalarprodukt von Kraft und Weg als Ausgangspunkt für die Ableitung der Differentialansätze verwendet.

2.5 Definition des Begriffes „systemimmanente Kraft F_s"

Eine verschiebende Kraft kann anstelle von außen von Teilen des Systems ausgehen, in unserem Falle von den auf die verschiebbare Kolbenwand prallenden Gasmolekülen. In anderen Fällen z.B. von einer gespannten Feder, oder bei der Gravitation von den sich anziehenden Körpern, oder bei den Coulombschen Wechselwirkungen von den sich anziehenden bzw. abstoßenden elektrisch geladenen Teilchen. Diese Kräfte sind Teil der inneren Kräfte der Systeme. Aber sie sind im Gegensatz zu anderen Teilen befähigt, Arbeit an der Umgebung zu verrichten. Um diese Besonderheit hervor zu heben, haben wir diesen Kräften einen eigenen Namen gegeben und sie als eine systemimmanente Kraft F_s bezeichnet [4].

Wegen der Vorzeichenkonvention bezüglich des Energieaustauschs zwischen System und Umgebung (siehe 2.) muss bei Verwendung von systemimmanenten Kräften das Skalarprodukt von Kraft und Weg ein negatives Vorzeichen erhalten. Es muss also gelten:

$$\delta w = - F_s \cdot ds \cdot cos\ \alpha \tag{5}$$

Wir haben Wikipedia, viele Lehrbücher der Physik und Physikalischen Chemie geprüft und in keinem Werk einen Verweis auf das negative Vorzeichen des Skalarprodukts bei Verwendung innerer bzw. systemimmanenter Kräfte gefunden. Wir werden beweisen, dass das negative Vorzeichen in Gl. (5) nötig ist. Unsere diesbezügliche Feststellung scheint neu zu sein und rechtfertigt unseres Erachtens für sich allein unsere Veröffentlichung.

2.6 Quasistatische Prozessführung, konservative Prozesse, Reversibilität

Wenn sich bei einem Prozess – im Modell - stets die wirkende und die entgegenwirkende Kraft in etwa die Waage halten, der Prozess also nahezu eine Folge von Gleichgewichtszuständen ist, bezeichnet man den Prozess als quasistatisch [29, S.304]. Ein quasistatischer Prozess ist gleichzeitig reversibel, denn das Systems kann nach einer Zustandsänderung wieder in den Ausgangszustand zurückgeführt werden, ohne dass von der Umgebung zusätzliche Arbeit verrichtet werden muss und in einem der beteiligten Körper eine dauernde Zustandsänderung zurückbleibt. Eine zweite Möglichkeit von Reversibilität – allerdings wieder nur im Modell - ergibt sich, wenn während des Prozesses nur potentielle in kinetische Energie und umgekehrt verwandelt wird, z.B. wenn eine vollkommen elastische Stahlkugel auf eine vollkommen elastische Stahlplatte fällt und dann in die alte Höhe zurückprallt. Einen solchen Prozess nennt man konservativ, weil die Arbeitsfähigkeit erhalten bleibt, also konserviert wird. Was im Modell angenommen werden kann, ist allerdings in der Realität nicht möglich, weil Reibung und Deformationen unvermeidlich sind.

Da in der Physikalischen Chemie konservative Prozesse selten sind, werden die Begriffe „quasistatisch" und „reversibel" synonym verwendet. Eigentlich sind die quasistatischen Prozesse aber eine Teilmenge der reversiblen Prozesse.[4]

3. Ableitung der Differentialansätze zur Volumenarbeit

Es gibt prinzipiell zwei Varianten für die Ableitung eines Differentialansatzes der Volumenarbeit, je nachdem, ob man den externen Druck oder den Gasdruck verwendet. Wenn sich die beiden Drücke merklich unterscheiden, haben die beiden Varianten unterschiedliche Wertigkeit. Seit einiger Zeit wird in den Lehrbüchern sowohl für die Expansion als auch für die Kompression der Umgebungsdruck p_{ext} bevorzugt. Zu bedenken ist jedoch, dass bei der Expansion der zu überwindende, möglicherweise merklich kleinere Druck und bei der Kompression der wirkende, möglicherweise merklich größere Druck dann in die Rechnung eingeht. Die einseitig auf p_{ext} festgelegte Definition ist also unsymmetrisch. Was das für die Interpretation der Volumenarbeit bedeutet, soll später erläutert werden.

---

[4] Wenn man den Begriff quasistatisch nicht im ursprünglichen Sinne und die quasistatischen Prozesse nicht als Teil aller reversiblen Prozesse auffasst, kommt man wie im Atkins [30] zu widersprüchlichen Aussagen. Auf S.60 wird für die Berechnung der Volumenarbeit quasistatische Kolbenbewegung vorausgesetzt. Auf S. 61 heißt es „ In jedem Fall (eigene Bemerkung: Also für reversiblen und irreversiblen Verlauf) ist die vom oder am System verrichtete Arbeit durch Gl. (2.7) gegeben" Und diese Gleichung lautet $dw = -p_{ex}\, dV$. Auf S.62 wird der reversiblen Volumenarbeit ein eigener Abschnitt gewidmet, also offensichtlich eine quasistatischer Kolbenbewegung auf S. 60 nicht als reversibel betrachtet.

Abgesehen von den durch p_{ext} und p bedingten möglichen Unterschieden, gelten die Differentialansätze unabhängig davon, wie der Prozess weiter verläuft, z.B. ob er isotherm oder adiabatisch, ob er quasistatisch reversibel oder nichtquasistatisch irreversibel ist.

Der Ableitung der Differentialansätze können wir eine Kompression oder eine Expansion zugrunde legen. Außerdem können wir uns für p_{ext} oder p entscheiden. Das ergibt 4 Ableitungsvarianten. Als Ergebnis erhalten wir allerdings nur 2 Gleichungen, eine mit p_{ext} und die andere mit p, denn Kompression und Expansion unterscheiden sich nur in der Prozedur der Ableitung, führen aber zum gleichen Differentialansatz.

Wir werden alle 4 Ableitungsvarianten vorführen, um Sie als Leser vom Nutzen des Algorithmus zu überzeugen.

3.1 Kompression, Verwendung des Betrages der äußeren Kraft F_{ext}.

- Weil wir den Differentialansatz unter Verwendung des Betrages der äußeren auf den Kolben wirkenden Kraft ableiten wollen, müssen wir von Gl. (4), dem Skalarprodukt mit positivem Vorzeichen, ausgehen:

$$\delta w = F_{ext} \cdot ds \cdot \cos\alpha \,.$$

- Bei einer Kompression zeigen Kraft- und Wegvektor in die gleiche Richtung. Der Winkel α beträgt 0 Grad, $\cos\alpha$ ist 1:

$$\delta w = F_{ext} \cdot ds \,.$$

- Beim Fortschreiten auf dem Weg ($ds > 0$) verringert sich die Höhe des Gasvolumens

  ($dh < 0$). Das bedeutet, wenn wir ds durch dh ersetzen wollen, muss das Vorzeichen wechseln:

$$\delta w = - F_{ext} \cdot dh \,.$$

- Wir erweitern die Gleichung mit der Fläche des Kolbens A:

$$\delta w = - F_{ext} \cdot dh \cdot \frac{A}{A} \,.$$

- Der Quotient F_{ext}/A ist gleich dem Außendruck p_{ext}. Das Produkt $dh \cdot A$ ist gleich der Volumenänderung dv. Durch Einsetzen ergibt sich:

$$\delta w = - p_{ext} \cdot dv \,.$$

3.2 Kompression, Verwendung des Betrages der systemimmanenten Kraft F_s.

- Bei Verwendung des Betrages der systemimmanenten Kraft müssen wir vom Skalarprodukt mit negativem Vorzeichen Gl. (5) ausgehen:

$$\delta w = - F_s \cdot ds \cdot \cos\alpha \,.$$

- Die Vektoren Weg und Kraft haben in diesem Falle entgegengesetzte Richtung. Der Winkel α beträgt 180 Grad, und $\cos\alpha$ ist gleich -1. Damit wird das Vorzeichen der Arbeitsgleichung positiv:

$$\delta w = F_\text{s} \cdot \mathrm{d}s \ .$$

- Beim Ersatz des Weges ds durch die Höhenänderung dh muss wieder das Vorzeichen gewechselt werden:

$$\delta w = -F_\text{s} \cdot \mathrm{d}h \ .$$

- Durch Erweitern mit der Kolbenfläche A und Einführung des Gasdruckes p sowie der Volumenänderung dv ergibt sich die Gleichung :

$$\delta w = -\mathrm{p} \cdot \mathrm{d}v \ .$$

3.3 Expansion, Verwendung des Betrages der äußeren Kraft F_ext

- Weil wir den Differentialansatz unter Verwendung des Betrages der äußeren auf den Kolben wirkenden Kraft ableiten wollen, müssen wir von Gl.(4), dem Skalarprodukt
mit positivem Vorzeichen, ausgehen:

$$\delta w = F_\text{ext} \cdot \mathrm{d}s \cdot cos\ \alpha \ .$$

- Bei einer Expansion zeigen Kraft- und Wegvektor in die entgegengesetzte Richtung. Der Winkel α beträgt 180 Grad, cos α ist -1:

$$\delta w = -F_\text{ext} \cdot \mathrm{d}s \ .$$

- Beim Fortschreiten auf dem Weg (ds > 0) vergrößert sich die Höhe (d$h > 0$)

Das bedeutet, wenn wir ds durch dh ersetzen wollen, muss das Vorzeichen nicht wechseln:

$$\delta w = -F_\text{ext} \cdot \mathrm{d}h \ .$$

- Wir erweitern die Gleichung mit der Fläche des Kolbens A:

$$\delta w = -F_\text{ext} \cdot \mathrm{d}h \cdot \frac{A}{A} \ .$$

- Der Quotient F_ext/A ist gleich dem Außendruck p_ext. Durch Einsetzen von d$h \cdot A$ für dv. ergibt sich:

$$\delta w = -p_\text{ext} \cdot \mathrm{d}v \qquad .$$

3.4 Expansion, Verwendung des Betrages der systemimmanenten Kraft F_s

- Bei Verwendung des Betrages der systemimmanenten Kraft müssen wir vom Skalarprodukt mit negativem Vorzeichen Gl. (5) ausgehen:

$$\delta w = -F_\text{s} \cdot \mathrm{d}s \cdot cos\ \alpha \ .$$

- Die Vektoren Weg und Kraft haben in diesem Falle die gleiche Richtung. Der Winkel α beträgt 0 Grad, und cos α ist gleich 1. Damit bleibt das Vorzeichen der Arbeitsgleichung negativ:

$$\delta w = -F_\text{s} \cdot \mathrm{d}s \ .$$

- Beim Ersatz des Weges ds durch die Höhenänderung dh muss das Vorzeichen nicht gewechselt werden:

$$\delta w = - F_s \cdot dh \, .$$

- Durch Erweitern mit der Kolbenfläche A und Einführung des Gasdruckes p sowie der Volumenänderung dv ergibt sich die Gleichung :

$$\delta w = - p \cdot dv \, .$$

Als Ergebnis der 4 Ableitungen 3.1 bis 3.4 erhält man 2 verschiedene Differentialansätze, je nachdem beabsichtigt ist, die Arbeit mit dem externen Druck p_{ext} oder dem Gasdruck p zu berechnen. Kompression oder Expansion spielen nur bezüglich der Schrittfolge eine Rolle.

Wie wir sehen, bringt die Verwendung des Skalarprodukts als Ausgangsgleichung für die Ableitung der Differentialansätze und das Einhalten der Schrittfolge viele Vorteile, die wir noch einmal aufzählen möchten:

- Die Vorzeichenkonvention und das negative Vorzeichen bei Verwendung der systemimmanenten Kraft werden beachtet sobald es sich um verrichtete Arbeit handelt und werden nicht erst für die Volumenarbeit eingeführt.
- Die Berechnung mit Gl.(4) oder Gl.(5) kommt ohne Vektoren aus, denn hinsichtlich des korrekten Umgangs mit Vektoren und deren Beträgen sind wir beim Lesen von wissenschaftlichen Texten zur Volumenarbeit immer wieder auf Nachlässigkeiten gestoßen. Im Gegensatz zu den Beträgen müssen Vektoren besonders symbolisiert werden (durch einen Pfeil über dem Betragssymbol, oder durch Fettdruck, oder durch deutsche Schriftzeichen).
- Für die Überführung von Kräften in Drücke benötigt man die Beträge der Kräfte und nicht die Vektoren, denn die Definition der skalaren Größe Druck ist der Quotient aus dem Betrag der Kraft F und dem Betrag der Fläche A, auf die der Druck senkrecht wirkt.
- In der Literatur wird häufig dem Kraftvektor fälschlicherweise ein negativer Betrag zugewiesen, wenn man zum Ausdruck bringen will, dass der Weg der Kraft entgegen gerichtet ist.[5] Beträge von Vektoren sind immer unabhängig von ihrer Richtung positiv. Die Verwendung des Skalarprodukts lässt den benannten Fehler vermeiden, denn die Richtungsbeziehung der Vektoren Kraft und Weg wir durch
- $\cos \alpha$ erfasst.
- Die Beibehaltung oder der Wechsel von Vorzeichen in der Schrittfolge ist nachvollziehbar und bleibt nicht diffus.

4. Vom Differentialansatz zu Arbeitsgleichungen für den Gesamtprozess

Wenn wir durch Integration der Differentialansätze zu Gleichungen übergehen wollen, die die Arbeit für den Gesamtprozess näherungsweise zu berechnen gestatten, müssen wir uns entscheiden, welchen Ablauf wir im Auge haben. Soll der Prozess isotherm oder adiabatisch vor sich gehen, soll er quasistatisch reversibel oder

---

[5] z.B. mit der Aussage f < 0 in [8]

soll er infolge dissipativer Arbeitsanteile nichtquasistatisch irreversibel ablaufen. Soll die Stoffmenge des Gases konstant bleiben, oder darf sie sich infolge einer chemischen Reaktion oder einer Phasenumwandlung (z.B. Verdampfung) ändern. Je nachdem, wie der Prozess ablaufen soll, werden wir das Modell etwas verändern müssen. Wir beschränken uns auf einen isothermen Verlauf, das heißt, die verrichtete Arbeit wird durch Wärmeaustausch mit einem das Gefäß umgebenden Bades konstanter Temperatur ausgeglichen.
Entsprechend Gl. (3) bleibt also die Innere Energie des Systems erhalten.

4.1 Quasistatischer Verlauf bei konstanter Stoffmenge an Gas, Volumenarbeitspotential

Ein quasistatischer Verlauf ist möglich, wenn Gasdruck und Außendruck sich während des gesamten Prozesses nur infinitesimal unterscheiden. Ein ganz kleiner Unterschied von Kraft und Gegenkraft wird den Prozess in der einen oder in der anderen Richtung leiten.

Weil die Drücke sich kaum unterscheiden, kann auf eine Indizierung des Druckes verzichtet werden. Die bei quasistatischen Verlauf verrichtete Arbeit nennt man Verschiebungsarbeit. Beschleunigungsarbeit kommt bei quasistatischer Prozessführung nicht vor. Im Modell Fig.1 kann quasistatische Prozessführung erreicht werden, indem mit einer stetig veränderlichen Hebelübersetzung die Gewichtskraft eines an einem Faden hängenden Körpers die systemimmanente Kraft des Gases nahezu kompensiert. Der Prozess kann dann beliebig langsam von statten gehen.

Abb.1 Apparatur zur quasistatischen Volumenänderung nach Pohl [29, S. 304] Bei Expansion nimmt die Hebellänge stetig ab, bei Kompression nimmt sie zu [6].

Da es sich im Behälter um ein ideales Gas handeln soll, kann der Druck p durch nRT/v ersetzt werden und für eine Volumenänderung von $v(1)$ zu $v(2)$ ergibt die Integration:

$$w = - \int_{v(1)}^{v(2)} p \cdot dv \ = - nRT \int_{v(1)}^{v(2)} dv/v$$

$$w = - nRT \cdot [\ln v(2) - \ln v(1)] = nRT \cdot ([\ln p(2) - \ln p(1)] \tag{6}$$

Die Verschiebungsarbeit führt zum Anstieg der potentiellen Energie $\delta w = dE_{pot.}$ des Körpers, an dem die Arbeit verrichtet wurde. Im Falle der Druck-Volumen-Änderung wir die Arbeit an der beweglichen Grenzfläche des Gases verrichtet (vergl. Abschnitt 2.4). Die Ursache liegt aber im Inneren des Gases, an seinen Zustandsgrößen. Zwar vermeidet man in der Regel, den Begriff potentielle Energie im Zusammenhang mit dem Vermögen zur Verrichtung von Volumenarbeit, doch ohne Zweifel gibt es ein Potential zur Volumenarbeit. Wir möchten zwi-

---

[6] Diese Apparatur scheint mir praxisnäher als das in der Literatur meist verwendete Modell eines aufrecht stehenden Gefäßes, bei dem auf dem Kolben Gewichte zugefügt oder weggenommen werden. Um quasistatischen Verlauf zu simulieren müssten die Gewichte sehr klein sein. Die Lehrbücher von R.W. Pohl waren Klassiker der Physikliteratur und ragen besonders durch praxisorientierte Versuchsmodelle hervor.

schen relativer und absoluter potentieller Energie unterscheiden. Mit den absoluten potentiellen Energien wird sich unser nächster Beitrag unter dem Label „Nachgedacht" befassen. Um die relative potentielle Energie angeben zu können, benötigt man einen Bezugspunkt, dem man die potentielle Energie Null zuschreibt. Zieht man die Gl.(6) heran, um einen solchen Bezugspunkt festzulegen, könnte man diesen für $nRT \cdot \ln 1 = 0$ definieren, also für die jeweilige Stoffmenge und Temperatur beim Druck 1. Die potentielle Energie des Gases bezogen auf die Fähigkeit zur Volumenarbeit würde man dann aus $nRT \cdot \ln (p/p^0)$ zu berechnen haben.

Interessant ist in diesem Zusammenhang, dass das Chemische Potential $\mu = \mu^0 + nRT \cdot \ln (p/p^0)$ auch ein Glied enthält, dass seine Druckabhängigkeit beschreibt. Der von der chemischen Struktur abhängige Teil wird durch das Standardpotential μ^0 wiedergegeben. Als Bezugspunkt für μ^0 wird der Druck 1 bar festgelegt.

4.2 Quasistatischer Verlauf bei veränderlicher Gasmenge und konstantem Druck

Dies ist der in der Physikalischen Chemie wichtigste Fall und tritt ein, wenn bei einer chemischen Reaktion oder einem Phasenübergang sich die gasförmige Stoffmenge $n(g)$ ändert. Wegen $p \cdot v = nRT$ ist die Stoffmengenänderung entsprechend $p \cdot dv = RT \cdot dn$ die einzige Möglichkeit bei konstanter Temperatur und konstantem Druck eine reversible Prozessführung zu realisieren. Die in der Literatur vorgeschlagene Berechnung isothermer Volumenarbeit mit konstantem p_{ext} setzt voraus, dass sich p_{ext} und der Gasdruck p am Anfang des Prozesses merklich unterscheiden, der Prozess also nicht quasistatisch sondern irreversibel verläuft (vergl. Abschnitt 6)

Bemerkenswert ist, dass, obwohl eine chemische Reaktion irreversibel verläuft, wir die Volumenarbeit unter der Annahme von $p \approx p_{ext}$, also von quasistatischer Reversibilität berechnen. Man geht davon aus, dass die Reaktion so langsam abläuft, dass Gasdruck und Außendruck genügend Zeit haben, sich ständig anzugleichen.

Bei konstantem Druck kann p vor das Integral gesetzt werden, und es ergibt sich:

$$w = -p \int_{v(1)}^{v(2)} dv = -p \cdot \Delta v. \tag{7}$$

Handelt es sich um die Berechnung der Volumenarbeit zum Beispiel für die Gasphasenreaktion [1, S. 81]

$$v_A \cdot A(g) + v_B \cdot B(g) \rightarrow v_C \cdot C(g), \tag{8}$$

wird in der Regel die Arbeit für einen Formelumsatz benötigt. Die molare Volumenänderung bezogen auf die gasförmigen Rektionsteilnehmer $\Delta_R V_g$ berechnet man mit Hilfe der Stöchiometriezahlen v_i aus den Molvolumina V_i . Für die Reaktion Gl.(8) fergibt sich somit:

$$\Delta_R V(g) = v_C \cdot V_C - v_A \cdot V_A - v_B \cdot V_B. \tag{9}$$

Da wir idealen Zustand der Gase angenommen haben, sind die Molvolumina der Gase gleich groß und wir können Gl.(9) durch Ausklammern von $V(g) = V_C = V_A = V_B$ umformen zu $\Delta_R V(g) = \Delta v(g) \cdot V(g)$.

Symbolisieren wir die Volumenarbeit für einen Formelumsatz (die molare Volumenarbeit) mit einem großen W, ergibt sich dann

$$W = -p \cdot \Delta_R V = -p \cdot \Delta v(g) \cdot V(g) . \tag{10}$$

Entsprechend der Zustandsgleichung für 1 Mol Gas ersetzen wir das Produkt

$P \cdot V(g)$ durch RT und erhalten

$$W = - RT \cdot \Delta\nu(g) \, . \tag{11}$$

Mit dieser Gleichung kann man die molare Volumenarbeit bei Kenntnis der absoluten Temperatur besonders einfach berechnen.

Bei der Ammoniaksynthese $N_2 + 3H_2 \rightarrow 2NH_3$ zum Beispiel ist $\Delta_R\nu(g) = -2$ und bei 298 K ergibt sich eine Volumenarbeit von $W = 5{,}0$ kJ mol^{-1}. Weil das Gasvolumen abnimmt, verrichtet die Umgebung am System Arbeit, welche zur exothermen Reaktionswärme $Q_p = \Delta_R H(298^0 \text{ K}) = -92{,}2$ kJ mol^{-1} beiträgt.
Wird die Reaktion bei konstantem Volumen durchgeführt, fällt dieser Anteil weg und die Reaktionswärme $Q_v = \Delta_R U$ beträgt nur $-87\ 2$ kJ mol^{-1}.

Auch die Volumenarbeit bei einer Verdampfung lässt sich mit Gl.(11) schnell berechnen. Bei der Verdampfung von einem Mol Flüssigkeit ist $\Delta_R\nu(g) = 1$. Bei 298 K ergibt sich demzufolge eine Volumenarbeit von ca. $-2{,}5$ kJ mol^{-1}. Das verschwindende Volumen von 1 Mol Flüssigkeit z.B. von 1 Mol Wasser mit ca. 18 cm^3 kann gegenüber den ca. 22,4 dm^3 entstehendem Volumen Dampf näherungsweise vernachlässigt werden. Dies gilt generell: Volumina von festen und flüssigen Stoffen werden bei der Berechnung der Volumenarbeit vernachlässigt.

In der chemischen Thermodynamik kommt man mit den aus $w = - p \cdot dv$ durch Integration   oben abgeleiteten Gleichungen gewöhnlich aus.

5. Arbeiten bei nichtquasistatisch verlaufender Druck-Volumen-Änderung

Eine nichtquasistatische Druck-Volumen-Änderung findet statt, wenn Gasdruck und Außendruck sich merklich unterscheiden. Bevor wir auf Gleichungen eingehen, die die Arbeit bei nichtquasistatischer Prozessführung näherungsweise beschreiben können, möchten wir einiges Grundsätzliches über mechanische Arbeit äußern.

5.1 Gesamtarbeit als Summe von Verschiebungsarbeit und Beschleunigungsarbeit

Reversibel-Share-Theorem

Arbeit verrichtet ein Arbeiter im physikalischen Sinn, wenn er Kraft ausüben muss, um einen Körper gegen eine Kraft zu verschieben und (oder) den Körper zu beschleunigen.

Vom Verschieben spricht man, wenn die wirkende Kraft nur infinitesimal größer ist als die Gegenkraft. Die Verschiebungsarbeit führt zum Anstieg der potentiellen Energie $\delta w = dE_{pot.}$ des Körpers, an dem die Arbeit verrichtet wurde. Muss die auf einen Körper wirkende Kraft nur die Trägheitskraft des Körpers überwinden, weil eine besondere Gegenkraft fehlt, kommt es zur Beschleunigung b. Wenn die Beschleunigung vom Weg abhängig ist, gilt:

$$F_{ext} = m \cdot b(s) \qquad \text{und} \qquad \delta w = m \cdot b(s) \cdot ds \cdot \cos \alpha \tag{12}$$

Die Beschleunigungsarbeit führt zum Anstieg der kinetischen Energie $\delta w = dE_{kin.}$

Ist bei der Bewegung eines Körpers über seine Trägheit hinaus eine besondere Kraft zu überwinden, aber ist die zu überwindende Kraft merklich kleiner als die wirkende Kraft, besteht der Arbeitsbetrag aus der Summe von Verschiebungs- und Beschleunigungsarbeit. Die Beschleunigungsarbeit ergibt sich dann aus dem Kraftüberschuss (der resultierenden Kraft).

Ein Beispiel für Arbeit, welche sich aus Verschiebungs- und Beschleunigungsarbeit zusammensetzt, ist der Wurf nach oben. Die vom Werfer verrichtete Verschiebungs- und Beschleunigungsarbeit äußert sich am geworfenen Körper in seiner gewonnenen potentiellen Energie $m \cdot g \cdot \Delta h$ und seiner kinetischen Energie $m \cdot v^2/2$. Das bedeutet, hat der geworfene Körper noch nicht seine endgültige Höhe erreicht und sich die kinetische Energie noch nicht vollständig in potentielle Energie umgewandelt, muss ich beide Anteile in Rechnung stellen, um die Gesamtarbeit zu berechnen. Berücksichtige ich nur die gegen die Erdanziehung aufzuwendende Verschiebungsarbeit $m \cdot g \cdot \Delta h$, habe ich nur den Anteil berechnet, den ich auch beim quasistatischen reversiblen Anheben in Rechnung stelle. Wir haben in [31] diesen Zusammenhang als Reversibel-Share-Theorem bezeichnet. Übertragen auf die Berechnung der Arbeit bei Druck-Volumen-Änderungen ergibt sich der wichtige Schluss: Berechne ich bei einer mit Beschleunigung verknüpften **Expansion** (p merklich größer als p_{ext}) die Volumenarbeit nur mit der zu überwindenden Kraft, also mit p_{ext}, wie es die meisten Autoren verlangen, habe ich nur die Verschiebungsarbeit berechnet, die auch bei quasistatischer reversibler Expansion gegen konstanten Druck (siehe 4.2) den Arbeitsbetrag bestimmt.

Im Gegensatz dazu erfasse ich bei einer mit Beschleunigung verknüpften **Kompression** (p_{ext} merklich größer als p) die Gesamtarbeit, denn verwende ich p_{ext}, so stelle ich die größere wirkende Kraft und nicht die kleinere Gegenkraft in Rechnung. Diese Unsymmetrie kann man in Kauf nehmen, aber man muss sich dessen bewusst sein. Darauf hinzuweisen, war ein wichtiger Anlass für diesen Artikel.

5.2 Dissipative Arbeit, Irreversibilität

Weiter sollte man beachten, solange die Beschleunigungsarbeit nur zur Erhöhung der kinetischen Energie führt, ist der Prozess noch konservativ reversibel (siehe 2.7). Geht jedoch die anfängliche kinetische Energie vollständig oder teilweise durch Folgeprozesse - z. B. weil etwas zertrümmert oder deformiert wird – verloren, oder fällt sie von Anfang an geringer aus, weil durch Reibungsarbeit sich die ungeregelte kinetische Energie der Teilchen vermehrt, so wird der Prozess irreversibel. Arbeiten, wie z.B. Reibungsarbeit, welche nicht reversibel sind und bei isothermem Verlauf in Wärme übergehen, werden als dissipativ bezeichnet. Dissipative Arbeitsanteile machen den Prozess irreversibel. Weil bei der Volumenänderung in einem mit Kolben verschlossenem Gefäß und einer möglichen Beschleunigung des Kolbens dieser ohne Reibung oder Deformation von Gefäßteilen oder von Turbulenzen im Gas oder in der Umgebung nie zur Ruhe kommen würde, müssen in den Modellen immer dissipative Vorgänge einbezogen werden. Abzuschätzen, wie sich die dissipativen Arbeitsanteile auf Reibung, Deformation und Turbulenzen verteilen, wird kaum möglich sein. In der Technik wird man sich bemühen, sie möglichst klein zu halten. Man ist aber in der Lage, aus der Berechnung der Gesamtarbeit (mit der wirkenden Kraft) und der Verschiebungsarbeit (mit der zu überwindenden Kraft) durch Differenzbildung die Summe der dissipativen irreversiblen Arbeitsanteile zu ermitteln.

6. Berechnung der Arbeiten bei nichtquasistatischer irreversibler isothermer Druck-Volumen-Änderung

Sollen die Gleichungen, die der Berechnung der Arbeitsanteile dienen, abgeleitet werden, müssen die gleichen Entscheidungen wie im Abschnitt 4 getroffen werden. Wir zählen sie nochmals auf:

Wird eine Expansion oder eine Kompression untersucht?

Wird die Arbeit mit der wirkenden oder mit der zu überwindenden Kraft berechnet?

Ist die zur Berechnung herangezogene Kraft die vom Gas ausgehende systemimmanente oder die von der Umgebung ausgehende Kraft? Danach ist das Vorzeichen des Skalarprodukts zu wählen.

Wir beschränken uns auf den Falls, dass der auf dem idealen Gas lastende Außendruck p_{ext} und die Temperatur konstant bleiben und gehen von den bereits im Abschnitt 3 abgeleiteten Differentialgleichungen aus. Außerdem vernachlässigen wir, dass der Druck an der Grenzfläche zum Kolben, der für die Arbeit wichtig ist, infolge der Bewegung des Kolbens nicht ganz dem Druck im Inneren des Gases entspricht [32, S.16].

6.1 Expansion, Berechnung der Gesamtarbeit

Zur Berechnung der Gesamtarbeit bei der Expansion müssen wir die systemimmanente Kraft verwenden, also vom Differentialansatz Gl.(13) ausgehen:

$$\delta w_{irrev.total} = - p \cdot dv \tag{13}$$

Um die Arbeit für eine merkliche Volumenänderung zu erhalten, haben wir zu beachten, dass bei der betrachteten Expansion während der Volumenzunahme der Gasdruck und die wirkende Kraft abnehmen, aber die Kraft so lange Arbeit verrichten kann, bis Kraft und Gegenkraft sich kompensieren. Lässt man den Kolben sich frei bewegen, das heißt, stoppt man seine Bewegung nicht bei einem bestimmten Endvolumen ab und ist das Gefäß groß genug, dann wird die Volumenänderung erst beendet sein, wenn der Gasdruck den Wert des Außendrucks erreicht hat. Die Volumenänderung jedoch so lange laufen zu lassen, bis Gasdruck und Außendruck gleich sind, ist ein Spezialfall. Wir möchten den allgemeinen Fall behandeln und jede beliebige Volumenänderung zulassen. Im Modell benutzen wir dazu ein aufrecht stehendes Gefäß mit deformierbaren Stoppern Abb.3.

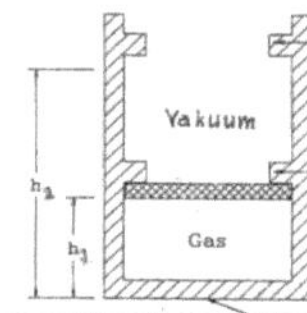

Abb. 3 Gasvolumen vorbereitet für Expansion von h_1 bis h_2.

Wegen des angenommenen Vakuums über dem Kolben wird der Druck p_{ext} durch das Gewicht des Kolbens bestimmt.

Durch Zurückziehen der Stopper bei h_1 wird der Prozess ausgelöst. An den Stoppern bei h_2 soll Deformations-
arbeit verrichtet werden, bis wieder Kraft gleich Gegenkraft ist und der Kolben zur Ruhe gekommen ist.

Wie wird nun der Gasdruck während der irreversiblen Expansion abnehmen?

Einer der Gründe für die Forderung, die Volumenarbeit mit p_{ext} zu berechnen, soll die Schwierigkeit sei, den
während der Expansion dynamisch abnehmenden Gasdruck erfassen zu können. Als Näherung nehmen wir
deshalb an, dass sich Gasdruck und Außendruck nicht zu stark unterscheiden. Wir beschränken uns auf den Fall
eines mittleren Reversibilitätsgrades. Dann können wir davon ausgehen, dass der an der Grenzfläche herr-
schende Druck durch den Gasdruck im Inneren repräsentiert wird. Durch entsprechende Sensoren könnte man
diesen in Abhängigkeit vom Volumen messen, in Form einer Potenzreihe $p = a + b\cdot v + c\cdot v^2 + c\cdot v^3$ darstellen, p in
Gl.(13) durch die Potenzreihe ersetzen und dann in den Grenzen $v(2)$ und $v(1)$ integrieren.

Im Falle eines idealen Gases kann man auch ohne Druckmessung auskommen, denn bei idealen Gasen wird der
Gasdruck mit Zunahme des Volumens entsprechend dem Gasgesetz abnehmen. Letztlich ergibt sich, dass der
Gasdruck hier nicht anders abnimmt, als wir es von der reversiblen Expansion kennen, bei der Außendruck und
Gasdruck stetig gleichbleibend verringert werden. Die Gesamtarbeit kann also berechnet werden durch Einset-
zen von $n\cdot R\cdot T/v$ für p in Gleichung (13) und anschließende Integration.

In unserem Falle berechnen wir auf diese Weise unter Nutzung der wirkenden Kraft die gesamte Arbeit, die das
expandierende Gas bei der Ausdehnung vom $v(1)$ zu $v(2)$ verrichtet:

$$w_{irrev.total}(\text{Expansion}) = -\int_{v(1)}^{v(2)} p\,dv = -nRT \int_{v(1)}^{v(2)} d\,v/v$$

$$w_{irrev.total}(\text{Expansion}) = -nRT \cdot [\ln v(2) - \ln v(1)] \qquad (14)$$

6.2 Expansion, Berechnung des Anteils reversibler Verschiebearbeit

Die reversible Verschiebearbeit berechnet man für eine Expansion gegen konstanten Gegendruck, wie oben
erläutert, unter Verwendung des Außendrucks p_{ext}. Wir haben also den Differentialansatz

$$\delta w = -p_{ext} \cdot dv$$

zu integrieren und erhalten wegen des konstanten Druckes p_{ext} als Resultat

$$w_{rev.share} = -p_{ext} \cdot \Delta v \qquad (15)$$

Die rechte Seite der Gl.(15) ist der Ausdruck, der meist in der Literatur vorgegeben wird, um die Volumenarbeit
zu berechnen. Er beschränkt nach unserer Auffassung die Arbeit bei nichtquasistatischer irreversibler Prozessführung - wie im vorliegenden Fall - entsprechend dem Reversibel-Share-Theorem auf den reversiblen Arbeitsanteil.

6.3 Expansion, Berechnung der irreversiblen Arbeitsanteile

Die irreversiblen Arbeitsanteile ergeben sich entsprechend den Darlegungen im Abschnitt 5.2 aus der Differenz
der Gleichungen (14) minus (15):

$$w_{irrev.share}(\text{Expansion}) = -nRT \cdot [\ln v(2) - \ln v(1)] + p_{ext}\,\Delta v \qquad (16)$$

Die irreversiblen Arbeitsanteile verteilen sich je nach Modell und angenommenen Bedingungen auf die Beschleunigung eines Kolbens, Reibung zwischen Gefäßwand und Kolben, Deformation der Stopper und Turbulenzen.

6.4 Kompression, Berechnung der Gesamtarbeit

Die Arbeit unter Einschluss der irreversiblen Anteile wird wieder unter Verwendung der wirksamen Kraft beziehungsweise des Außendrucks vorgenommen und entspricht der rechten Seite von Gleichung (15).

$$W_{irrev.total}(\text{Kompression}) = -p_{ext}\,\Delta v \tag{17}$$

6.5 Kompression, Berechnung des Anteils reversibler Verschiebearbeit

Die Berechnungen der Arbeiten erfolgen symmetrisch zu den obigen Berechnungen für die Expansion.
Nach dem Reversible-Share-Theorem ergeben sich die reversiblen Arbeitsanteile durch die Arbeit, welche zur Überwindung der Gegenkraft nötig ist. Die Gegenkraft bei der Kompression ist die vom Gas ausgehende systemimmanente Kraft, verkörpert durch den Gasdruck. Mit der Beschränkung auf mittlere Irreversibilität wird der reversible Arbeitsanteil durch die rechte Seite der Gl.(14) wiedergegeben

$$w_{rev,share}(\text{Kompression}) = -nRT \cdot [\ln v(2) - \ln v(1)] \tag{18}$$

6.6 Kompression, Berechnung der irreversiblen Arbeitsanteile

Die Summe der irreversiblen Anteile ergibt sich aus der Differenz der Gleichungen (17) minus (18):

$$w_{irrev.share}(\text{Kompression}) = -p_{ext}\,\Delta v + nRT \cdot [\ln v(2) - \ln v(1)] \tag{19}$$

6.7 Beispiel

Um einen Eindruck von den Relationen der einzelnen Arbeiten zu erhalten, rechnen wir mit angenommenen Zustandsvaraiablen den Fall einer Kompression durch:

T = 298 K	n = 0,1 mol	$v(1) = 3 \cdot 10^{-3}\ m^3$	$v(2) = 1 \cdot 10^{-3}\ m^3$
$R = 8,3144 \cdot 10^{-5}\ bar\ mol^{-1}K^{-1}m^3$		$p_{(}1) = 0,826\ bar$	$p(2) = 2,48\ bar$

Diese Bedingungen entsprechen dem Zustand eines idealen Gases.
Als konstanten Außendruck p_{ext} nehmen wir 5 bar an.
Durch Einsetzen obiger Werte in die entsprechenden Gleichungen lassen sich für die Kompression berechnen:

$$w_{rev.share}(\text{Kompession}) = 272\ \text{Joule}$$

$$w_{irrev.total}(\text{Kompression}) = 1000\ \text{Joule} \qquad w_{irrev.share}(\text{Kompression}) = 728\ \text{Joule}$$

Unter Zugrundelegung des Theorems, dass bei Verwendung der zu überwindenden Kraft zur Berechnung der Arbeit nur der quasistatische reversible Arbeitsanteil erfasst wird, haben wir Gleichungen abgeleitet, die im Gegensatz zu den bisher in der Literatur üblichen Darstellungen die verrichteten Arbeiten bei Expansion und Kompression völlig symmetrisch widerspiegeln. Wir haben dabei Näherungen vorgenommen, doch ohne Näherungen kommt kein Modell aus. Die obigen Darstellungen sind theoretischer Natur. Sie lassen, wie im obigen Beispiel, grob abschätzen, wie sich die reversiblen zu den irreversiblen Arbeitsanteilen verhalten.

Die Praxis wird sich vom Modell immer dadurch unterscheiden, dass viele im Modell vernachlässigte Kräfte wirken können. In der Technik wird man bestrebt sein, irreversible Arbeitsanteile so gering wie möglich zu halten, und man wird dies praktisch überprüfen, indem man den Energieaufwand und die erzielte Arbeit experimentell ermittelt und einander gegenüberstellt.

7. Zusammenfassung

Wir haben uns bemüht, folgende Erkenntnisse verständlich darzustellen:

1. Die Ableitung der Differentialansätze für die Arbeit bei Druck-Volumen-Änderungen von Gasen können gleichberechtigt von den äußeren Kräften oder von den Kräften des Gases ausgehen. Die Kräfte des Gases auf die Grenzfläche zu einem beweglichen Kolben hin sind der Teil seiner inneren Kräfte, welche Arbeit an der Umgebung verrichten können. Wir haben sie als systemimmanente Kräfte bezeichnet

2. Es ist didaktisch von Vorteil, bei der Ableitung der Differentialansätze der Volumenarbeit vom Skalarprodukt von Kraft und Weg auszugehen.

3. Bei Verwendung von systemimmanenten Kräften muss das Skalarprodukt wegen der Vorzeichenkonvention eine negatives Vorzeichen erhalten.

4. Um die Beibehaltung oder Änderung der Vorzeichen während der Ableitungsschritte zu verdeutlichen bzw. um Fehler zu vermeiden, sollte der vorgestellte Algorithmus eingehalten werden.

5. In der Physikalischen Chemie geht man davon aus, dass zwar die chemische Reaktion irreversibel, aber die Druck-Volumen-Änderung quasistatisch reversibel ($p_{ext} \approx p$) verläuft. Das Weglassen der Indizierung belegt diese Feststellung.

6. Wir halten es nicht für berechtigt, der Reaktionsenthalpie den Vorzug gegenüber der Reaktionsenergie zu geben, da im Labor die Verwendung von Gefäßen mit beweglichem Kolben selten ist.

7. Die in der Literatur gegebene Anweisung, die Volumenarbeit sowohl für eine Expansion als auch für eine Kompression stets mit p_{ext} zu berechnen, ist unsymmetrisch, denn bei nicht quasistatischer Durchführung geht dann bei der Expansion der kleinere zu überwindende Druck in die Rechnung ein, während bei der Kompression der größere wirksame Druck Verwendung findet.

8. Wenn die Berechnung der Arbeit mit der zu überwindenden Kraft erfolgt, berechnet man nur den quasistatischen reversiblen Anteil der Arbeit, welcher zur Erhöhung der potentiellen Energie führt (Reversibel-Share Theorem).

9. Die Gesamtarbeit bei nicht quasistatischer Durchführung ist mit der größeren wirkenden Kraft zu berechnen.

10. Unter Anwendung des Reversibel-ShareTheorems können bei nicht quasistatischer Durchführung in grober Näherung die Anteile reversibler Verschiebearbeit und irreversibler dissipativer Arbeit abgeschätzt werden.

Literaturverzeichnis

[1] Wolfgang Bechmann, Joachim Schmidt : Einstieg in die Physikalische Chemie

    für Nebenfächler; Vieweg + Teubner – Verlag Wiesbaden 4. Auflage 2010.

[2] Rita G. Lerner, George L. Trigg: Encyclopedia of Physics; VCH Publishers, Inc.

    New York, Weinheim, Cambridge, Basel, Second Edition 1991.

[3] Lexikon der Physik 1. Band; Spektrum Akademischer Verlag Heidelberg, Berlin 1998,

[4] Joachim Schmidt, Wolfgang Bechmann: Zur Anwendung des Skalarprodukts von Kraft und

    Weg auf reversible Prozesse (Druck-Volumen-Änderung, Dehnung, Elektrostatische

    Wechselwirkung, Hub). Die Verwendung äußerer oder systemimmanenter

    Kräfte;   Publikationsserver der Universität Potsdam   urn:nbn:de:kobv:517-opus-69732

[5] Robert P. Bauman: Textbook Errors, 49, Work of Compressing an Ideal Gas, J. Chem. Educ.

    41 (1964) 102-104

[6] Daniel Kivelson, Irwin Oppenheim: Work in Irreversible Expansions, J. Chem. Educ. 43 (1966) 233-235

[7]   S.G. Canagaratna : Critique of the treatment of work, Am. J. Phys. 46 (1978) 1241-1244

[8]   Eric A. Gislason, Norman C. Craig: General Definitions of Work and Heat in Thermodynamic

    Processes, J. Chem. Educ. 64 (1987) 660-668

[9]   A. John Mallinckrodt, Harvey S. Leff: All about work, Am. J. Phys. 60 (1992) 356-365

[8] Norman C. Craig, Eric A. Gislason: First Law of Thermodynamics; Irreversible and

    Reversible Processes, J. Chem. Educ. 79 (2002) 193-200

[10] Rodrigo de Abreu: The First Principle of Thermodynamics and the Non-Separability of

    the   Quantities "Work" and "Heat"; The adiabatic piston controversy,

    arXiv: cond- mat/0205566 (2002)

[11] Carl E. Mungan: Irreversible Adiabatic Compression of an Ideal Gas, The Physics Teacher 41(2003)

    450-453

[12] Joaquim Anacleto: Identical thermodynamical processes and entropy, Can. J. Phys. 83 (2005) 629-636

[13] Eric A. Gislason, Norman C. Craig: Cementing the foundations of thermodynamics: Comparison   of

    system-based and surroundings-based definitions of work and heat, J. Chem. Thermodynamics 37(2005)

    954-966

[14] Jeane-Louis Tane: Thermodynamics and Relativity: A Revised Interpretation of the Concepts of

    Reversibility and Irreversibility, arXiv 0710, 5657[physics.gen-ph] (2007)

[15] J. Güemez, C. Fiolhais and M. Fiolhais: Physics of the fire piston and the fog bottle, Eur. J. Phys. 28 (2007) 1199-1205

[16] Eric A. Gislason, Norman C. Craig: Pressure-Volume Integral Expressions for Work in Irreversible Processes, J. Chem. Educ. 84 (2007) 499-503

[17] Joaquim Anacleto, J.M. Ferreira: Surroundings-based and system-based heat and work definitions: Which one is most suitable, J. Chem. Thermodynamics 40 (2008) 134-135

[18] Joaquim Anacleto, Joaquim Alberto C. Anacleto: Thermodynamical Interactions: subtleties of heat and work concepts, Eur. J. Phys. 29 (2008) 555-566

[19] E. N. Miranda: What lies between a free adiabatic expansion and a quasi-static one?, Eur. J. Phys. 29(2008) 937-943

[20] Joaquim Anacleto, J.M. Ferreira and Alcinda Anacleto: Identical thermodynamical processes and the generalization of the Clausius inequality, Can. J. Phys. 86 (2008) 369-377

[21] Joaquim Anacleto, Mario G. Pereira: From free expansion to abrupt compression of an ideal gas, Eur. J. Phys. 30 (2009) 177-183

[22] Joao P.S. Bizarro: Thermodynamics with friction. I. The Clausius inequality revisited, J Appl. Phys. 108 (2010) 054907- 1-9

[23] Rodrigo de Abreu, Vasco Guerra: Comment on "A close examination of the motion of an adiabatic piston" by Eric A. Gislason [Am. J. Phys. 78, 995-1001 (2010] arXiv: 1012.4918v1 [physics.class-ph] (2010)

[24] Joaquim Anacleto, Mario G. Pereira, J.M. Ferreira: Dissipative work in thermodynamics, Eur. J. Phys 32 (2011) 37-47

[25] P. D. Gujrati: Generalized Non-equilibrium Heat and Work and the Fate of the Clausius Inequality, arXiv: 1105.5549v1 [physics.chem-ph] (2011)

[26] Rodrigo de Abreu, Vasco Guerra: The concepts of work and heat and the first and second laws of thermodynamics, arXiv:1203.2294v1 [physics.gen-ph] (2012)

[27] Valeriy A. Etkin: Methodological Principles of Modern Thermodynamics, arXiv:1401.0550 [physics.gen-ph] (2014)

[28] J. Güemez, C. Fiolhais, L. Brito: On the work of internal forces , Eur.J.Phys. 36 (2015) 045008 1-10

[29] Robert W. Pohl: Einführung in die Physik, 1. Band Mechanik, Akustik und Wärmelehre; Springer-Verlag Berlin, Göttingen, Heidelberg, 13. Auflage 1955,

[30] Peter W. Atkins: Physikalische Chemie (aus dem Englischen von Anna Schleitzer und Michael Bär); Wiley-VCH Weinheim, New York, Chichester, Brisbane, Singapore, Toronto

3. Auflage 2001

[31] Joachim Schmidt: Die Arbeit bei irreversibler Druck-Volumen-Änderung, Varianten der Berechnung; Publikationsserver der Universität Potsdam, urn:nbn:de:kobv:517-opus4-74931

[32] John G. Kirkwood, Irwin Oppenheim: Chemical Thermodynamics; Mc Graw-Hill Book Company INC New York, Toronto, London 1961